LOVE

THE

SIMPLE

STYLE

HOME

HOME

爱住
简约风的家

宜家文化 编

电视墙

U0353616

中国电力出版社
CHINA ELECTRIC POWER PRESS

内容提要

本书包括简约现代风格、简约美式风格、简约乡村风格、简约欧式风格、简约中式风格等家居设计案例。内容为精选的最新效果图，邀请多位经验丰富的设计师针对案例图片中的细节部分，从设计和施工的角度做出专业的解析，使得户型改造更加合理，空间利用更加充分，材料应用更加省钱，色彩搭配更加时尚，墙面造型更加出彩。此外，本书穿插诸多软装搭配知识，能起到很好的指导作用。

图书在版编目（CIP）数据

爱住简约风的家. 电视墙 ／ 宜家文化编. — 北京 ：中国电力出版社，2015.5
ISBN 978-7-5123-7539-0

Ⅰ．①爱… Ⅱ．①宜… Ⅲ．①住宅－装饰墙－室内装饰设计－图集 Ⅳ．①TU241-64

中国版本图书馆CIP数据核字(2015)第070935号

中国电力出版社出版发行
北京市东城区北京站西街19号　　100005　　http://www.cepp.sgcc.com.cn
责任编辑：曹巍　　责任印制：蔺义舟　　责任校对：太兴华
装帧设计：炫悦洋工作室
北京盛通印刷股份有限公司印刷·各地新华书店经售
2015年5月第1版·第1次印刷
889mm×1194mm　1/16·7印张·195千字
定价：39.00元

爱住简约风的家
LOVE THE SIMPLE STYLE HOME

前言
Preface

　　越来越多的家庭装修风格不断出现，在众多风格中，最为常见、最受欢迎的还是简约风格。但是许多业主一听到简约风格，脑海里会立即浮现出黑白色为主调的现代简约的家居场景，觉得这类设计过于简单，更适合初次置业的年轻业主。其实，随着新中式、新古典、简约美式等家居风格的盛行，化繁为简的设计已经被更多的业主喜欢，简约风格被赋予更多的含义，除了简约现代风格外，还有简约乡村风格、简约欧式风格以及简约中式风格等，选择简约风格的装修一样可以装得有品质、有格调。

　　目前家居图书市场上很少出现以简约风格为主题分类的参考书，编者通过细致的市场调查，根据读者需求编写了本套丛书。内容上按家装功能区分成《电视墙》《客厅》《卧室 书房 休闲区》《餐厅 过道 玄关》四册，每册又按简约中式、简约现代、简约欧式、简约乡村等不同风格分章节，精选了大量室内设计名师的最新效果图案例，让读者可以轻松找寻到自己心目中最爱的设计参考图片，从而获得装修新家的创意和灵感。此外，本书邀请了四位经验丰富的设计师嘉宾，将多年的设计经验倾囊相授，从材料巧运用、设计一点通、软饰妙搭配、施工小技巧等四个环节，解读家装中最容易出现的细节问题，帮助业主在装修时少走弯路。

目录
Contents

电视墙

简约中式

❶ 墙纸　❷ 白色木线条收口

❶ 艺术墙纸　❷ 实木护墙板

❶ 花梨木饰面板　❷ 大花白大理石

❶ 微晶石墙砖　❷ 木纹砖

电视墙做成雕花玻璃隔断

与客厅相邻的房间设计成餐厅，于是设计师把电视墙做成雕花的玻璃隔断，这样的处理可以使客厅向其他房间延伸，两个房间也可以相互借景。

❶ 定制展示柜　❷ 密度板雕刻祥云图案刷白

❶ 墙纸　❷ 木饰面板装饰框

❶ 木花格贴墙纸　❷ 黑檀饰面板

❶ 大花白大理石　❷ 橡木饰面板套色

❶ 墙纸　❷ 木饰面造型混水刷白

❶ 木线条收口　❷ 玉石大理石

❶ 木花格　❷ 装饰方柱

❶ 浅啡网纹大理石　❷ 金属线条嵌皮质软包

❶ 爵士白大理石　❷ 布艺软包

❶ 墙纸　❷ 实木雕花

❶ 木纹大理石　❷ 装饰壁龛

❶ 布艺软包　❷ 镂空木雕屏风

❶ 墙纸　❷ 橡木饰面板

❶ 橡木饰面板　❷ 灰镜

❶ 木花格　❷ 浅啡网纹大理石线条

❶ 艺术墙纸　❷ 木线条收口

木花格装饰电视墙

中式风格的电视墙经常会用花格做装饰，材质上分密度板电脑雕刻和实木板手工雕刻两种。实木的价格会相对高一些，但立体感较强。在选择时既要考虑美观，也要结合装修预算。

❶ 墙纸　❷ 白色护墙板

❶ 墙纸　❷ 中式木花格

❶ 砂岩　❷ 白色护墙板

❶ 微晶石墙砖　❷ 米黄大理石装饰框

❶ 布艺硬包　❷ 不锈钢线条收口

❶ 米白大理石装饰框　❷ 布艺软包

❶ 花鸟图案墙纸　❷ 木线条收口

❶ 密度板雕花刷白　❷ 木地板上墙

❶ 艺术墙砖　❷ 实木护墙板

❶ 定制展示柜　❷ 大花白大理石

❶ 木花格　❷ 米黄大理石

❶ 柚木饰面板　❷ 墙面柜

❶ 中式木花格　❷ 墙纸

❶ 实木雕花　❷ 木格栅

❶ 书法墙纸　❷ 木饰面板圆形装饰框

❶ 花鸟图案墙纸　❷ 木线条收口

❶ 定制展示柜　❷ 布艺硬包

电视墙悬挂鸟笼灯

电视墙一侧悬挂一个鸟笼灯，在呈现中式风格的同时，也带有现代时尚气息。材质上分为铜质和铁艺两种，铜质的价格比较昂贵，而铁艺的会生锈，应根据装修预算合理选择。

❶ 墙纸　❷ 木饰面板装饰框刷白

❶ 皮质硬包　❷ 墙纸

❶ 洞石　❷ 彩色乳胶漆

❶ 布艺软包　❷ 木饰面板装饰框刷白

❶ 墙纸　❷ 木饰面板装饰框刷白

❶ 洞石　　❷ 木线条走边

❶ 木饰面板装饰凹凸造型　　❷ 彩色乳胶漆

❶ 洞石　　❷ 水曲柳饰面板套色

❶ 浅啡网纹大理石造型　　❷ 实木护墙板

❶ 微晶石墙砖　❷ 青砖

❶ 米黄大理石　❷ 木质护墙造型

❶ 彩色乳胶漆　❷ 实木雕花

❶ 木花格　❷ 木线条走边

❶ 米黄色墙砖　❷ 墙纸

❶ 布艺软包　❷ 木格栅柜门

❶ 布艺硬包　❷ 米黄色墙砖

❶ 微晶石墙砖　❷ 密度板雕花刷白

❶ 透光云石　❷ 不锈钢装饰条

花鸟图案的墙纸营造古典韵味

中式木花格与带有花鸟图案的墙纸等元素通过设计师精心的组合，营造出具有古典韵味和富有内涵的电视背景。在定制这类墙纸的时候，要考虑电视机在整个画面中的位置，保证画面的平衡，以免影响视觉效果。

❶ 布艺软包　❷ 木花格贴银镜

❶ 米黄大理石　❷ 木饰面板装饰框

❶ 米黄色墙砖　❷ 水曲柳饰面板套色

❶ 山水大理石　❷ 大理石雕花

❶ 墙纸　❷ 回纹图案雕刻

❶ 洞石雕花　❷ 艺术玻璃

❶ 洞石　❷ 木花格贴银镜

❶ 钢化玻璃隔断　❷ 柚木饰面板

电视墙采用大面银镜

　　中式风格客厅运用大面银镜作为电视背景，显得个性十足。施工时一定要计算好拼缝的位置，最好能巧妙地把接缝处理在造型的边缘或者交接处。此外，镜面的高度最好不要超过 2.4m，否则就需要特殊定制。

❶ 布艺硬包　❷ 木花格

❶ 微晶石墙砖　❷ 红樱桃木饰面板

❶ 石膏板造型刷白　❷ 灰色乳胶漆

❶ 大花白大理石　❷ 木花格

❶ 布艺软包　❷ 木纹砖

❶ 布艺硬包　❷ 木线条收口

❶ 木花格　❷ 大理石线条收口

❶ 木花格　❷ 灰镜

电视墙采用瓷砖上墙

　　电视背景做了瓷砖上墙的设计，石材的纹路清晰可见，将空间装扮得大气而亮丽。如果砖的材质为全瓷砖或者玻化砖，则需要用专门的玻化砖胶粘剂，其较好的粘接性能可以有效地防止瓷砖的脱落。

❶ 大花白大理石　❷ 密度板雕花刷白

❶ 米黄色墙砖　❷ 皮质硬包

❶ 木饰面板拼花　❷ 灰白色墙砖

❶ 布艺硬包　❷ 金属线条收口

❶ 大花白大理石　❷ 银镜

❶ 洞石　❷ 木花格

❶ 布艺硬包　❷ 回纹图案木雕

❶ 水曲柳饰面板套色　❷ 原木

❶ 米黄大理石　❷ 陶瓷马赛克

木饰面板体现典雅气质

电视墙贴饰面板是中式客厅常用的设计手法，既能给空间注入自然舒适的气息，又能体现出内敛含蓄的气质，饰面板的纹理最好是竖向铺贴，这样可以让整个墙面看起来纵深感十足。

❶ 墙纸　❷ 木花格

❶ 皮纹砖　❷ 黑镜

❶ 墙纸　❷ 木花格

❶ 石膏板造型勾黑缝　❷ 艺术玻璃

❶ 绒布软包　❷ 白色护墙板

❶ 洞石　❷ 皮质软包

❶ 米黄大理石　❷ 不锈钢线条装饰框

❶ 木纹砖　❷ 大理石线条收口

电视墙做左右对称设计

　　中式风格家居很讲究对称的美感，电视墙设计时如果以电视机和沙发中心为轴，在造型上做到左右对称，整体会显得十分大气。

❶ 布艺硬包　　❷ 茶色烤漆玻璃

❶ 艺术墙绘　　❷ 彩色乳胶漆

❶ 铁刀木饰面板　　❷ 硅藻泥

❶ 大花白大理石　　❷ 木线条装饰框

❶ 浅啡网纹大理石　❷ 成品电视柜

❶ 墙纸　❷ 木花格

❶ 花鸟图案墙纸　❷ 木花格贴银镜

❶ 微晶石墙砖　❷ 深啡网纹大理石装饰框

❶ 微晶石墙砖　❷ 木花格

❶ 花鸟图案墙纸　❷ 木线条收口

❶ 微晶石墙砖　❷ 墙纸

❶ 微晶石墙砖　❷ 木饰面板装饰框

❶ 微晶石墙砖　❷ 木格栅

电视墙 简约现代

❶ 墙纸　❷ 石膏板造型刷白

❶ 微晶石墙砖　❷ 密度板雕花刷白

❶ 大花白大理石　❷ 小鸟造型壁饰

❶ 墙纸　❷ 银镜

❶ 墙纸　❷ 定制收纳柜

❶ 大理石雕花　❷ 不锈钢装饰条

❶ 枫木饰面板　❷ 石膏板造型刷白

❶ 墙布　❷ 木纹砖

❶ 墙纸　❷ 黑镜

❶ 硅藻泥　❷ 水曲柳饰面板显纹刷白

❶ 皮质硬包　❷ 悬空式电视柜

❶ 墙布　❷ 黑镜

❶ 石膏板造型刷白　❷ 灰镜

现场制作电视柜

在复式小户型中，现场制作的储物型电视柜可以做成任何造型。但要把握好电视柜层板的厚度，一般控制在40mm或60mm为佳。太薄了容易变形，太厚了会显得太笨重。

❶ 洞石　❷ 银镜雕花

❶ 木纹大理石　❷ 黑镜

❶ 木纹大理石　❷ 黑胡桃木饰面板

❶ 透光云石　❷ 微晶石墙砖

❶ 灰镜　❷ 米白色墙砖

❶ 爵士白大理石　❷ 装饰壁龛

❶ 木线条密排　❷ 墙纸

❶ 墙纸　❷ 金属线条装饰框

❶ 装饰搁架　❷ 木线条装饰框

❶ 墙纸　❷ 大花白大理石

❶ 装饰搁架　❷ 钢化清玻璃挂线帘

❶ 墙纸　❷ 木搁板

❶ 墙纸　❷ 密度板雕花刷白

❶ 大花白大理石拉缝　❷ 黑镜雕花

❶ 墙纸　❷ 波浪板

❶ 皮质软包　❷ 米白大理石抽缝

电视墙采用木线条作节奏排列

　　电视墙采用木线条作些节奏的变化，和沙发墙的造型互相呼应。这类设计一般会选择成品的装饰线条，既美观，又减少了现场制作带来的施工难度，安装时若采用打钉的方式，需要后期进行钉眼的填缝及补漆处理。

❶ 墙纸　　❷ 木饰面板装饰框

❶ 灰白大理石　　❷ 黑白根大理石线条收口

❶ 墙纸　　❷ 石膏板造型暗藏灯槽

❶ 墙纸　　❷ 马赛克拼花

❶ 米白色墙砖　❷ 装饰方柱

❶ 斑马木饰面板抽缝　❷ 木纹砖

❶ 花鸟图案墙纸　❷ 大花白大理石装饰框

❶ 石膏板造型刷白　❷ 银镜倒角

❶ 浅啡网纹大理石　❷ 定制展示柜

❶ 密度板雕花刷白　❷ 石膏板吊顶暗藏灯槽

❶ 墙纸　❷ 石膏板造型刷白

❶ 皮质软包　❷ 墙纸

❶ 爵士白大理石　❷ 灰镜

❶ 樱桃木饰面板　❷ 密度板雕花刷白

❶ 爵士白大理石　❷ 墙纸

❶ 马赛克拼花　❷ 灰镜

❶ 浅啡网纹大理石　❷ 文化石

制作悬挂式电视柜

悬挂式的电视柜多为现场制作，木工板基层加密度板贴面，再用混水油漆饰面，与整体设计容易协调。安装时建议在墙面上固定钢架结构，这样承重较好，后期不容易变形下垂。

❶ 装饰壁龛 ❷ 入墙式展示柜

❶ 墙纸 ❷ 木饰面板装饰框刷白

❶ 硅藻泥 ❷ 石膏板吊顶刷白

❶ 彩色乳胶漆 ❷ 铆钉装饰花朵图案

❶ 皮质软包　❷ 茶镜

❶ 金属马赛克　❷ 墙贴

❶ 米黄色墙砖斜铺　❷ 墙纸

❶ 白色木质护墙板　❷ 石膏板吊顶暗藏灯槽

❶ 灰镜　❷ 橡木饰面板

❶ 布艺软包　❷ 黑镜

❶ 皮纹砖　❷ 不锈钢装饰挂件

❶ 布艺软包　❷ 大理石线条收口

❶ 银箔　❷ 石膏板挂边

❶ 米色墙砖　❷ 不锈钢装饰条

❶ 米黄大理石　❷ 墙纸

❶ 皮质软包　❷ 大理石线条收口

❶ 墙纸　❷ 彩色乳胶漆

北欧风格的客厅设计

北欧风格的客厅设计简洁，在电视墙的设计中更注重现代艺术与实用性的结合，一般采用墙纸或乳胶漆等材料装饰，电视柜与吊柜等大多是购买成品的，有搬来即用的优点。

❶ 马赛克拼花　❷ 装饰壁龛

❶ 彩色乳胶漆　❷ 银镜

❶ 微晶石墙砖　❷ 小鸟造型壁饰

❶ 墙纸　❷ 波浪板

❶ 皮质硬包　❷ 灰镜

❶ 樱桃木饰面板　❷ 银镜

❶ 洞石凹凸铺贴　❷ 黑金砂大理石

❶ 黑檀木饰面板　❷ 大花白大理石

❶ 大花白大理石　　❷ 木纹大理石

❶ 洞石　　❷ 灰镜

❶ 石膏板造型暗藏灯槽　　❷ 木线条间贴墙纸

❶ 墙纸　　❷ 石膏板造型暗藏灯槽

❶ 米黄大理石凹凸铺贴　❷ 黑镜

❶ 木纹大理石　❷ 木花格

❶ 大理石拼花　❷ 金属线条装饰造型

❶ 彩色乳胶漆　❷ 墙纸

❶ 米黄色墙砖　❷ 夹层玻璃

蝴蝶图案挂件点缀电视墙

电视墙采用蝴蝶图案的挂件作为装饰，给人遐想的空间，而且也是一个比较别致的设计形式。电视墙面可选择的装饰物品有很多，具体可根据整体风格和业主的喜好设计。

❶ 墙纸　　❷ 灰镜

❶ 墙纸　　❷ 银镜

❶ 石膏板造型刷白　　❷ 银镜

❶ 爵士白大理石　　❷ 陶瓷马赛克

❶ 铁刀木饰面板　❷ 黑镜

❶ 木纹大理石　❷ 装饰挂件

❶ 彩色乳胶漆　❷ 装饰方柱

❶ 大花白大理石　❷ 石膏板造型拓缝

❶ 定制收纳柜　❷ 墙纸

❶ 墙纸　❷ 石膏板造型刷白暗藏灯槽

❶ 微晶石墙砖　❷ 彩色乳胶漆

❶ 墙纸　❷ 木饰面板装饰框

❶ 白色木质护墙板　❷ 黑镜

❶ 布艺软包　❷ 木饰面板装饰框刷白

❶ 米白色墙砖　❷ 灰镜

❶ 布艺软包　❷ 木线条装饰框

❶ 皮质软包　❷ 黑镜

隐形门保证电视墙面的完整

　　空间中碰到无法移位的门洞出现在电视墙面时，隐形门的设计就能很好地处理这种棘手的问题，既能让电视背景形成一个完整的视觉效果，同时也保留了空间结构上门的作用，可谓一举两得。

❶ 布艺硬包　　❷ 木线条收口

❶ 密度板雕花刷白　　❷ 银镜

❶ 水曲柳饰面板套色　　❷ 马赛克装饰线条

❶ 墙纸　　❷ 橡木饰面板

❶ 艺术墙砖　❷ 米黄色墙砖

❶ 木线条装饰框　❷ 马赛克踢脚线

❶ 木线条密排　❷ 成品电视柜

❶ 墙布　❷ 成品展示柜

❶ 墙纸　❷ 灰镜

❶ 大花白大理石　❷ 墙纸

❶ 布艺软包　❷ 石膏板造型暗藏灯槽

❶ 墙纸　❷ 密度板雕花刷白

❶ 微晶石墙砖　❷ 黑镜雕花

❶ 水曲柳饰面板显纹刷白　❷ 金属线条收口

❶ 布艺软包　❷ 金属线条收口

❶ 木纹砖凹凸铺贴　❷ 装饰壁龛嵌茶镜

❶ 墙纸　❷ 茶镜

❶ 皮质硬包　❷ 灰镜

❶ 大花白大理石　❷ 灰镜

电视墙铺贴仿石材样式的瓷砖

现在市面上有许多仿石材样式的瓷砖,有统一的规格和厚度,造价也比真的石材便宜不少,喜欢石材质感的业主也可以选择这些仿石材瓷砖装饰简约现代风格的电视墙,相似度几乎可以以假乱真。

❶ 墙纸　❷ 石膏顶角线

❶ 橡木饰面板　❷ 装饰挂画

❶ 石膏板造型刷白　❷ 金属线条

❶ 爵士白大理石　❷ 墙纸

❶ 墙纸　❷ 木搁板

❶ 灰白色墙砖　❷ 灰镜

❶ 高光烤漆面板　❷ 彩色乳胶漆

❶ 爵士白大理石　❷ 定制书架

❶ 杉木板装饰背景套色　❷ 木线条收口

❶ 陶瓷马赛克　❷ 大花白大理石

❶ 大花白大理石　❷ 灰镜

❶ 米色墙砖　❷ 灰镜

❶ 皮质硬包　❷ 大理石线条收口

❶ 柚木饰面板　❷ 橡木饰面板

❶ 车边银镜　❷ 艺术墙纸

❶ 定制收纳柜　❷ 墙纸

❶ 墙纸　❷ 石膏板造型刷白

❶ 皮质硬包　❷ 灰镜

❶ 樱桃木饰面板　❷ 茶镜

❶ 灰镜　❷ 石膏板造型刷白

小户型客厅的电视选择挂墙形式

　　小户型客厅的电视一般选择挂墙的形式，这样也不占空间。电视背后的插座、电线与网线等通过提前预埋的管道直达电视机背后，让电视墙不至于出现太多的线路，影响其美观。

❶ 墙纸　❷ 银镜

❶ 石膏板造型拓缝　❷ 墙纸

❶ 黑色烤漆玻璃　❷ 地台式电视柜

❶ 墙纸　❷ 布艺硬包

❶ 石膏板造型刷白　❷ 彩色乳胶漆

❶ 石膏板艺术造型　❷ 彩色乳胶漆

❶ 墙纸　❷ 石膏板造型刷白暗藏灯带

❶ 黑镜　❷ 爵士白大理石

❶ 墙纸　❷ 米色墙砖

❶ 米黄色墙砖　❷ 茶镜

❶ 墙纸　❷ 微晶石墙砖

❶ 墙纸　❷ 木饰面板装饰框

❶ 米色墙砖　❷ 灰镜

❶ 洞石　❷ 灰镜

❶ 皮质软包　❷ 灰镜

❶ 木线条密排　❷ 橡木饰面板

❶ 墙纸　❷ 木饰面板装饰框

❶ 墙纸　❷ 定制展示柜

❶ 黑胡桃木饰面板　❷ 成品电视柜

❶ 墙纸　❷ 黑白写真

客厅设计地台式电视柜

　　地台式电视柜可以把遥控器、影碟之类的零碎小物件放置其中。合理高度建议在300～450mm。如果太高的话会影响视觉效果。

❶ 墙纸　　❷ 橡木饰面板套色

❶ 墙纸　　❷ 米黄大理石装饰框

❶ 彩色烤漆玻璃　　❷ 彩色乳胶漆

❶ 砂岩浮雕砖　　❷ 墙纸

❶ 大花白大理石　❷ 布艺硬包

❶ 汉白玉大理石　❷ 木花格

❶ 米黄色墙砖　❷ 艺术墙绘

❶ 彩色乳胶漆　❷ 黑镜

❶ 定制收纳柜　❷ 石膏板吊顶暗藏灯槽

❶ 墙纸　❷ 米白色墙砖

❶ 柚木饰面板　❷ 定制展示柜

❶ 灰白色墙砖　❷ 金属马赛克

❶ 墙纸　❷ 深啡网纹大理石装饰框

❶ 彩色乳胶漆　❷ 木搁板

❶ 橡木饰面板抽缝　❷ 木地板上墙

❶ 白色木质护墙板　❷ 灰色乳胶漆

❶ 米白色墙砖　❷ 木搁板

❶ 枫木饰面板　❷ 银镜拼菱形

电视机嵌入墙面

简约现代风格的电视墙内嵌电视机比较常见，设计时需要提前了解电视机的尺寸，同时还要注意电视机的机架悬挂方式，并事先留出电视机背面的插座空间位置。

❶ 木线条密排　❷ 定制展示柜

❶ 墙纸　❷ 烤漆玻璃

❶ 墙纸　❷ 装饰挂件

❶ 皮质软包　❷ 彩色乳胶漆

❶ 墙纸　❷ 装饰搁架

❶ 石膏板镂空造型　❷ 装饰挂件

❶ 米黄色墙砖　❷ 茶镜雕花

❶ 墙纸　❷ 大理石线条收口

❶ 黑胡桃木饰面板　❷ 不锈钢装饰条

❶ 墙纸　❷ 灰色乳胶漆

❶ 木地板上墙　❷ 米黄大理石装饰框

❶ 布艺硬包　❷ 波浪板

❶ 灰色乳胶漆　❷ 水曲柳饰面板

❶ 爵士白大理石　❷ 白色木质护墙板

❶ 木饰面板拼花　❷ 布艺硬包

❶ 米色墙砖倒角　❷ 布艺软包

❶ 浅啡网纹大理石　❷ 不锈钢装饰条

❶ 墙纸　❷ 密度板雕花刷白贴银镜

❶ 米白色墙砖　❷ 灰镜

❶ 定制展示柜　❷ 石膏板造型刷白

❶ 灰色乳胶漆　❷ 墙纸

❶ 米色墙砖　❷ 白色木质护墙板

❶ 彩色乳胶漆　❷ 木搁板

❶ 白色木质护墙板　❷ 装饰壁龛

❶ 彩色乳胶漆　❷ 隐形门

❶ 墙纸　❷ 装饰干枝

❶ 石膏板造型刷白 ❷ 彩色乳胶漆

❶ 橡木饰面板 ❷ 灰镜

❶ 黑色烤漆玻璃 ❷ 定制收纳柜

❶ 布艺软包 ❷ 灰镜

❶ 洞石倒角 ❷ 灰镜

❶ 墙纸 ❷ 木地板上墙

❶ 爵士白大理石铺贴凹凸造型 　❷ 灰镜

❶ 微晶石墙砖 　❷ 银镜

❶ 橡木饰面板 　❷ 茶镜

❶ 橡木饰面板 　❷ 木饰面板装饰凹凸造型刷白

❶ 灰色乳胶漆 　❷ 不锈钢线条装饰框

电视墙

简约欧式

❶ 陶瓷马赛克　❷ 木饰面板装饰框刷白

❶ 皮质软包　❷ 墙纸

❶ 马赛克拼花　❷ 微晶石墙砖

❶ 皮质硬包　❷ 装饰挂镜

电视墙铺贴石材

电视墙采用纹理自然的石材装饰，给客厅带来华贵感。注意每块天然大理石都会有花纹差异，需要精心选择，施工的时候要注意铺贴方向和纹路对齐。

❶ 银镜车菱形边　❷ 米黄色墙砖

❶ 硅藻泥　❷ 大理石壁炉

❶ 布艺硬包　❷ 木质造型刷白

❶ 大花白大理石　❷ 布艺软包

❶ 墙纸　❷ 米黄大理石护墙板

❶ 黑镜雕花　❷ 木饰面板装饰凹凸造型刷白

❶ 墙纸　❷ 白色木质护墙板

❶ 黑白根大理石　❷ 照片组合

❶ 硅藻泥　❷ 大理石雕花

❶ 皮质软包　❷ 米黄大理石装饰框

❶ 浅啡网纹大理石　❷ 银镜

❶ 墙纸　❷ 石膏罗马柱

❶ 布艺软包　❷ 银镜磨花

❶ 皮质软包　❷ 大理石线条收口

❶ 米色墙砖斜铺　❷ 木线条收口

❶ 墙纸　❷ 密度板雕花刷白贴茶镜

❶ 墙纸　❷ 白色木质护墙板

电视墙上装饰石膏线条造型

电视墙面采用很多石膏线条来做造型，与沙发墙形成一个整体，这是一个既节约成本，又出效果的做法。类似这样的线条造型，需要在水电施工前设计好精确尺寸，以免后期面板位置与线条发生冲突。

❶ 墙纸　❷ 木饰面板装饰框刷白

❶ 墙纸　❷ 大理石罗马柱

❶ 米白色墙砖　❷ 皮质硬包

❶ 皮质软包　❷ 实木罗马柱

❶ 皮质软包　❷ 不锈钢线条收口

❶ 墙纸　❷ 大理石线条收口

❶ 米黄大理石　❷ 银镜

❶ 艺术墙砖　❷ 灰镜雕花

❶ 白色木质护墙板　❷ 石膏雕花线

❶ 墙纸　❷ 米白大理石装饰框

❶ 灰镜拼菱形　❷ 大花白大理石

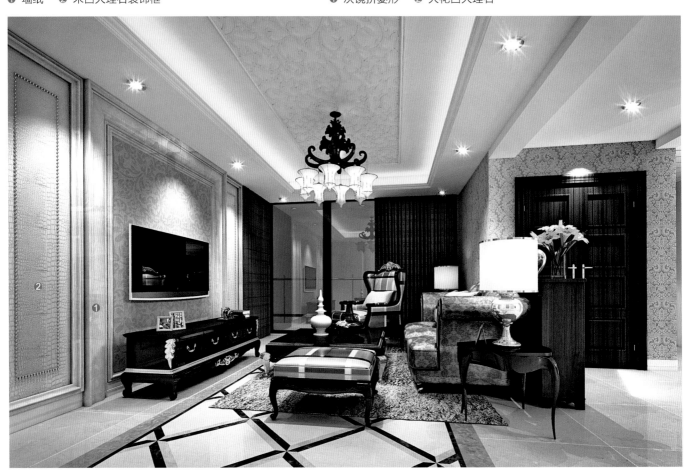

❶ 米黄大理石装饰框　❷ 皮质硬包

❶ 微晶石墙砖　❷ 布艺软包

❶ 布艺软包　❷ 实木护墙板

❶ 微晶石墙砖　❷ 深啡网纹大理石装饰框

❶ 茶镜拼菱形　❷ 彩色乳胶漆

❶ 墙纸　❷ 木线条装饰框

软包装饰欧式电视墙

　　软包在欧式风格的电视墙中被广泛应用，可以选择的颜色很多，但是如果电视墙用到比较跳跃大胆的颜色，注意最好和客厅里的其他软装做个呼应，比如沙发、抱枕等。

❶ 墙纸　❷ 白色木质护墙板

❶ 洞石　❷ 白色木质护墙板

❶ 米黄大理石　❷ 皮质软包

❶ 微晶石墙砖斜铺　❷ 木饰面板雕花

❶ 布艺软包　❷ 定制展示柜

❶ 石膏壁炉造型　❷ 灰镜

❶ 皮质软包　❷ 木饰面板装饰框刷白

❶ 墙纸　❷ 马赛克装饰线条

❶ 米黄大理石　❷ 木饰面板装饰凹凸造型显纹刷白

❶ 墙纸　❷ 白色木质护墙板

❶ 银镜车菱形边　❷ 大理石壁炉造型　　　❶ 大理石壁炉造型　❷ 实木护墙板

❶ 微晶石墙砖　❷ 深啡网纹大理石踢脚线

❶ 皮质软包　❷ 木线条喷银漆收口

❶ 大花白大理石装饰框　❷ 车边银镜

❶ 米白色墙砖斜铺　❷ 银镜拼菱形

❶ 墙纸　❷ 木线条装饰框

大理石提升家居品质

采用大理石作为电视背景，更能提升家居的档次和品质。小面积的大理石可以直接用云石胶贴，如果是厚度超过25mm以上的石材，最好是用不锈钢挂件配合干挂胶进行固定。

❶ 墙纸 ❷ 大理石展示柜

❶ 墙纸 ❷ 石膏雕花

❶ 大花白大理石 ❷ 银镜磨花

❶ 墙纸 ❷ 白色木质护墙板

❶ 木纹砖　❷ 墙纸

❶ 艺术玻璃　❷ 白色木质护墙板

❶ 布艺软包　❷ 白色木质护墙板

❶ 洞石斜铺　❷ 白色护墙板

❶ 微晶石墙砖　　❷ 木饰面板装饰框

❶ 米黄大理石　　❷ 大理石罗马柱

❶ 微晶石墙砖　　❷ 大理石护墙板

❶ 微晶石墙砖　　❷ 黑镜

❶ 木饰面板拼花　　❷ 大理石护墙板

❶ 米黄大理石　　❷ 银镜磨花

❶ 仿古砖斜铺　　❷ 白色木质护墙板

❶ 米黄色墙砖凹凸铺贴　　❷ 密度板雕花刷白

❶ 布艺软包　　❷ 大理石线条收口

电视墙上设计方形图案

电视墙的造型选择了一种最简易常见的几何图形——方形。多个相同大小的方形在电视墙上多次出现，一方面贴合吊顶造型，另一方面硬朗的方形又能更好地衬托灯具与装饰品的精致。

❶ 墙纸　❷ 深啡网纹大理石

❶ 黑金花大理石　❷ 钢化清玻璃

❶ 玉石大理石　❷ 大理石线条收口

❶ 米黄色墙砖　❷ 白色护墙板

❶ 米黄大理石　❷ 茶镜雕花

❶ 微晶石墙砖　❷ 木饰面板造型刷白勾黑缝

❶ 大花白大理石　❷ 车边银镜

❶ 仿古砖斜铺　❷ 定制收纳柜

❶ 布艺软包　❷ 深啡网纹大理石装饰框

❶ 皮质硬包　❷ 银镜磨花

❶ 米黄大理石　❷ 大理石罗马柱

❶ 木饰面板造型混漆刷白　❷ 银镜

❶ 米白大理石　❷ 银镜拼花

❶ 装饰壁龛　❷ 实木半圆线装饰框

❶ 皮质软包　❷ 水曲柳饰面板显纹刷白

❶ 艺术墙纸　❷ 木饰面板装饰框刷白

❶ 米色墙砖铺贴凹凸造型　❷ 茶镜

❶ 彩色乳胶漆　❷ 大花白大理石装饰框

❶ 彩色乳胶漆　❷ 石膏罗马柱

❶ 布艺软包　❷ 墙纸

❶ 墙纸　❷ 白色木质护墙板

❶ 艺术墙绘　❷ 米黄大理石

❶ 皮质软包　❷ 木质罗马柱

电视墙 简约乡村

❶ 彩色乳胶漆　❷ 装饰壁龛

❶ 硅藻泥　❷ 定制展示架

❶ 石膏板造型　❷ 砂岩浮雕砖

❶ 石膏壁炉造型　❷ 墙纸

❶ 文化砖　　❷ 水曲柳饰面板显纹刷白

❶ 大理石壁炉　　❷ 定制收纳柜

❶ 硅藻泥　　❷ 照片组合

文化石表现乡村风格

　　文化石在电视墙上的使用让乡村风格得到很好的体现，石材自然，色彩质朴，是很美观和出效果的装饰材料。注意：文化石上墙要使用黏合剂来粘贴，这样会比较牢固，不易脱落。

❶ 硅藻泥　　❷ 木线条

❶ 硅藻泥　❷ 木地板拼花

❶ 文化石　❷ 不锈钢线条收口

❶ 彩色乳胶漆　❷ 杉木护墙板套色

❶ 墙纸　❷ 青砖勾灰缝

● 布艺软包　　● 灰白色墙砖

● 彩色乳胶漆　　● 木质壁炉造型

● 木地板上墙　　● 地台式收纳柜

● 文化砖　　● 玄关式电视柜

❶ 大花白大理石　❷ 陶瓷马赛克

❶ 墙纸　❷ 实木护墙板

❶ 米黄大理石　❷ 陶瓷马赛克

❶ 墙纸　❷ 白色护墙板

❶ 墙纸　❷ 彩色乳胶漆

地台代替电视柜

简约乡村的客厅中，非常流行用地台来代替电视柜。在墙角边搭建一圈地台，不仅显得自然随意，也富有个性，而且比电视柜更有特色。平时还能放置一些装饰品在地台上，较为实用。

❶ 墙纸　❷ 彩色乳胶漆

❶ 石膏板造型刷白　❷ 木搁板刷蓝漆

❶ 壁画　❷ 装饰壁龛

❶ 木地板上墙　❷ 大理石线条收口

❶ 质感艺术漆　❷ 石膏板造型刷彩色乳胶漆

❶ 花鸟图案墙纸　❷ 实木罗马柱

❶ 红砖刷白　❷ 木线条间贴

❶ 彩色乳胶漆　❷ 装饰搁板

电视墙设计白色木质护墙

电视背景设计了白色木质护墙板形式的造型，可选择在专业厂家直接定制，上门安装。这样可以把油漆工作放在室外，提高室内的环保性。

❶ 青砖勾白缝　❷ 木质护墙板刷黄漆

❶ 墙纸　❷ 白色护墙板

❶ 彩色乳胶漆　❷ 成品电视柜

❶ 花鸟图案墙纸　❷ 木网格刷白贴银镜

❶ 木搁板　❷ 文化砖

❶ 墙纸　❷ 装饰吊柜

❶ 墙纸　❷ 石膏板造型贴墙纸

❶ 米白色墙砖斜铺　❷ 白色木质护墙板

❶ 洞石　❷ 彩色乳胶漆

❶ 墙纸　❷ 木质护墙板刷白

电视墙上的壁龛展示饰品

电视墙上的壁龛是乡村风格家居常用的设计手法，既不占用建筑面积，使墙面具有很好地形态表现，同时又具有一定的展示功能。结合灯光照明可以使壁龛造型更加突出，从而达到视觉焦点的目的。

❶ 装饰挂件　❷ 实木壁炉造型

❶ 质感艺术漆　❷ 定制收纳柜

❶ 皮质软包　❷ 灰色乳胶漆

❶ 水曲柳饰面板显纹刷白　❷ 彩色乳胶漆

❶ 硅藻泥　❷ 大理石线条装饰框

❶ 红砖勾白缝　❷ 硅藻泥

❶ 彩色乳胶漆　❷ 铁艺构花件

半通透形式的电视墙

　　如果将部分墙体打掉，把电视背景设计成半通透的形式，让此处有一个视觉的延伸是很好的创意。设计时注意电视墙不宜设计成完全镂空的形式，否则难以预排电线。

❶ 墙纸　❷ 彩色乳胶漆

❶ 墙纸　❷ 白色木质护墙板

❶ 木搁板　❷ 碎瓷片

❶ 石膏板造型刷彩色乳胶漆　❷ 木线条打网格

❶ 大花白大理石　❷ 米黄大理石装饰框

❶ 定制展示柜　❷ 花白大理石

❶ 石膏板造型刷彩色乳胶漆　❷ 红砖

❶ 大花白大理石　❷ 成品电视柜

❶ 彩色乳胶漆　❷ 木线条装饰框

蓝色搁板凸显地中海风格

　　电视墙上的蓝色搁板与电视柜营造出清新的地中海气息，设计时注意蓝色不可用得太深。在做油漆的时候建议使用木蜡油擦色，使其显露出自然纹理，会更加富有清新的气息。

❶ 彩色乳胶漆　❷ 装饰搁板

❶ 彩色乳胶漆　❷ 红砖

❶ 墙纸　❷ 白色木质护墙板

❶ 微晶石墙砖　❷ 大理石线条收口

❶ 彩色乳胶漆　❷ 装饰木材

❶ 大理石壁炉　❷ 花鸟图案墙纸

❶ 木线条打网格　❷ 橡木饰面板

❶ 红砖勾白缝　❷ 木搁板

❶ 文化砖　❷ 石膏板造型刷彩色乳胶漆

❶ 陶瓷马赛克　❷ 鹅卵石

① 墙纸　② 白色木质护墙板

① 米色墙砖斜铺　② 大理石线条收口

① 文化砖　② 彩色乳胶漆

① 墙纸　② 白色木质护墙板

① 墙布　② 柚木饰面板